U0200993

源 自 全 球 学 校 人 文 科 学 品 质 读 物

与动物交朋友

小多（北京）文化传媒有限公司○编著

艺术与科学探知系列

SPM 南方出版传媒 广东人民出版社

·广 州·

图书在版编目（CIP）数据

与动物交朋友/小多（北京）文化传媒有限公司编著．—广州：广东人民出版社，2016.10（2019.5重印）
（艺术与科学探知系列）
ISBN 978－7－218－11090－5

Ⅰ．①与…　Ⅱ．①小…　Ⅲ．①动物—少儿读物　Ⅳ．①Q95－49

中国版本图书馆CIP数据核字（2016）第179235号

Yudongwu Jiaopengyou
与动物交朋友
小多（北京）文化传媒有限公司　编著

出 版 人：肖风华

责任编辑：马妮璐　段树军
封面设计：象上品牌·设计
责任技编：周　杰　易志华

出版发行：广东人民出版社
地　　址：广州市海珠区新港西路204号2号楼（邮政编码：510300）
电　　话：（020）85716809（总编室）
传　　真：（020）85716872
网　　址：http：//www.gdpph.com
印　　刷：天津画中画印刷有限公司
开　　本：889mm×1194mm　1/16
印　　张：3.25　　字　数：60千
版　　次：2016年10月第1版　2019年5月第2次印刷
定　　价：36.00元

如发现印装质量问题，影响阅读，请与出版社（020-85716849）联系调换
售书热线：（020-85716826）

目录 Contents

第38页

第2页

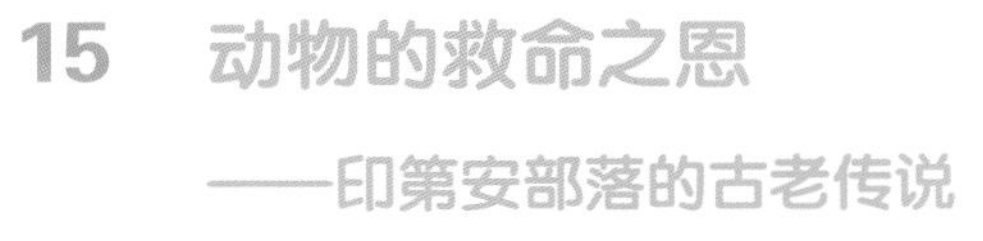

写在前面的话

我很喜欢动物。我养过蚕、兔子，现在家里还有两只猫和两只狗。其中一只猫已经8岁了，我第一次见到它时，它还是小猫，但它现在已经步入中年，甚至比我还要老了（按照猫的寿命，8岁的猫已经相当于一个中年人）。

我一直在为给动物洗澡和清扫房屋而烦恼，但是，宠物就像家人一样，它们带来的这些烦恼也是伴着快乐而产生的。宠物的一生可能只追随一个主人，有些动物亦是如此，比如大羊驼和它的主人，他们从双方都还幼年时就共同成长，可能还会共度一生。也有些动物生活在人迹罕至的地方，如浩瀚的海洋深处，本可以不受打扰地过自己的日子，遗憾的是，人类总是追逐它们的身影，从它们身上攫取所需。它们当中，有些物种的数量急剧减少，有些正濒临灭绝，甚至已经灭绝——比如曾经成群结队在沙滩上晒日光浴的加勒比僧海豹，如今再也难觅踪影。

每一个物种都是大自然的杰作，人类和其他动物之间的差别并不像很多人认为的那么大。美国著名的人类学家伊丽莎白・马歇尔・托马斯博士告诉我们，对待动物，要尊重他们，就像尊重人类自己一样。人与人可以和睦共处，人和动物呢？我们会因为自己而使别的动物的生存受到威胁吗？

人类和动物之间有着温情的纽带，人们可以在同动物的交流中得到放松。有时候，你会发现和动物沟通也许会比和人沟通还要容易。

编者：比力

Living with Llamas

大羊驼

——盖丘亚人的好朋友

作者：德比·维拉尔迪（Debbie Vilardi）
译者：钟亚辉
绘者：陈长兴

妮娜站在山巅，饱览着脚底的山色。头顶的天空呈浅蓝色，周围环绕的山峰上白雪皑皑。远处山下的土地犹如阶梯一般，刻进了山的一侧。父亲正忙碌其间。妮娜没有跟他挥手，因为Taytay隔得太远看不太清，但她知道此刻他正在用大羊驼粪给作物施肥。“Taytay”在盖丘亚语里是“爸爸”的意思。在这个秘鲁的盖丘亚家庭里，妮娜是最年长的孩子。

一头大羊驼从她面前缓缓经过，这头大羊驼是属于妮娜的。妮娜虽然只有七岁，却已经拥有了四头大羊驼。它们此刻正同其他大羊驼一起，在家族的牧场上吃丛生的牧草。大羊驼是群居动物，它需要成为群体中的一分子，但有时又跟其他大羊驼合不来。它会以喷唾沫的方式警告其他大羊驼远离它的草丛，如果那些大羊驼对警告不予理睬，它就会采取踢或者咬的方式了。

妮娜的大羊驼是教父教母作为礼物送给她的。它们将会伴随妮娜出嫁，但考虑这个对她来说为时尚早。

羊驼群里的其他大羊驼分别属于她的父母和弟弟妹妹。最小的弟弟阿涛还没有属于自己的大羊驼，不过不久之后他就会得到几头了。阿涛从妮娜面前跑过，不小心被她的脚绊了一下，妮娜连忙抓住弟弟的肩膀以防他摔倒。

妮娜返回到放牧用的小棚子里，妈妈正在里面纺织。妈妈负责照管羊驼群和孩子，妮娜是妈妈的得力助手。当某头大羊驼因为好奇走得太远时，妈妈就会派妮娜去寻找，然后妮娜便会将它带回牧场。如果大羊驼吃了邻居家牧场里的草，那对邻居可不公平。而如果家里驼群吃掉的牧草超过这个家庭能向大山索取的，那对大山也不公平。

妮娜每天都要和妈妈以及弟妹一起，赶着大羊驼去牧场放牧。大羊驼对自己的地盘非常在意，它们会在牧场边缘用粪堆做标记。它们

吃草、反刍，吃下的食物先储存在胃里的一个腔内，然后重新回到嘴里再次咀嚼。妮娜的弟妹在一旁玩耍，必要时也会搭把手帮妮娜。妈妈从放牧棚里望向他们，织布机上的活儿却没有停。她的双手无比灵巧，动作非常娴熟，几乎不怎么需要低头看自己的动作。

妈妈正在给阿涛织一件新斗篷，这件斗篷是为一个特殊场合准备的。家里人穿的衣物大都由妈妈亲手编织而成，连阿涛及膝的尿片都是她缝制的。她还会将大羊驼毛纺成线，用来编织毯子和布袋。

妮娜操起了自己的织布机。她看着妈妈将亮橙色和粉色的线穿过织布机，便跟着依样画葫芦。照这样的方法，她还学会了把大羊驼毛编织入布料中。妮娜身上的衣服都是自己织的，她还会为其他孩子做一些衣服。她身着一条加了衬裙的黑裙，上身穿了一件亮色的衬衫，还裹了一条披肩取暖。

生活在秘鲁安第斯山区的即

盖丘亚妇女在织布

身穿传统服饰、怀抱大羊驼宝宝的盖丘亚女孩

高原上，保暖的衣物很重要。这里的雪可以从年头下到年尾，气温骤降的现象也时有发生。从大羊驼身上剪下来的毛让妮娜的家人和邻里得以抵抗严寒。

靠大羊驼取暖的方法可不止一种。妈妈会烧干的大羊驼粪来煮藜麦*做午餐。爸爸种植藜麦、各种土豆和其他作物。妮娜最喜欢吃的那种土豆已经在太阳底下摊开晒干，冻了好几夜了。她把这种黑色的宝物从一个用折叠的披肩做成的袋子里取出几块来，拌着藜麦吃。她的食物中还有大羊驼肉干，盖丘亚语叫charqui，美国人吃的牛肉干就起源于此。

盖丘亚族人是印加人的后裔。1532年西班牙殖民者到达之前，安第斯山脉大部分地区都是印加人的领地。为了避开西班牙殖民者的洗劫，印加人带着大羊驼逃到了山上，这也使得大羊驼免于灭绝。作为回报，大羊驼支持盖丘亚族人的山地生活，他们的传统习俗得以保存。

天色已晚，该从牧场回家了。妮娜帮妈妈把弟弟妹妹们和大羊驼召集在一起。大羊驼明白人类并非想强占它们的领地，所以并不反抗。妮娜领着属于自己的大羊驼踏上了回家的路，其他大羊驼跟随着他们，妈妈走在最后。他们沿着一条山路回到了住处，这条路是父亲带领众人用山上的泥浆、草和石块铺起来的。大羊驼帮忙搬运石块，还帮忙清理了土地。从放牧棚去牧场的道路古时已有，可能是和大羊驼同属骆驼科的瘦驼在寻找食物时踩出来的。

第二天早上，妮娜家四点半就起床了。父亲在两头大羊驼背上放上了农作物和交易用的

集合起来准备回家的大羊驼

其他东西，然后喝了茶，还吃了炖土豆。一位邻居跟随父亲一道前往山谷里的村庄，以前父亲也这样帮过他，今后也会如此，结伴同行比单独出行更安全。母亲把路上要吃的食物放在了大羊驼背上，自 6000 年前被驯化以来，大羊驼一直被用来驮运重物。

大羊驼是骆驼的近亲，一般高约 2 米，体重能达到 180 千克，不过妮娜家的大羊驼没有这么重。大羊驼需水量不大，因而能在高海拔地区生存。它们的脚有两个脚趾，中间有肉垫相连，能牢牢抓住崎岖的地面。大羊驼的毛呈现浓淡不同的棕色、灰色、黑色或桃红色，有时候是这些颜色的混合。浓密的毛帮助大羊驼抵御严寒。到了夏天，人们则会把羊驼的毛剪掉。成年的大羊驼负重最多能达到 34 千克，但是妮娜的爸爸从没让它们驮过这么重的东西，因为路程太远，负荷过重的大羊驼可能会抗拒不前，也会变得烦躁易怒。

父亲离开家后，家里的其他成员就要开始干活了。他们不但要完成自己分内的工作，还要干完原本属于父亲要干的那一部分。父亲要到第二天下午才能回到家。

体型大、神态萌的大羊驼

父亲到家后的晚上，全家人和朋友们聚在一起，阿涛穿上了新斗篷，他将接受人生中的第一次剪发。他的教母第一个拿起剪刀，剪下一绺头发，然后送给他一头幼年大羊驼；接下来是他的教父，剪下头发后，也送了一头大羊驼。其他成年人轮流持剪刀给他理发，然后递给他装着钱的小袋子。妈妈把剪下来的发绺小心翼翼地用布包起来，放在架子上妮娜的头发布包旁。头

两个宝宝

印加市场上琳琅满目的羊驼毛制品

发剪完后，妈妈邀请大家享用大餐：烤豚鼠和chich——一种用玉米酿的啤酒。接下来，大家跳舞庆祝，直到深夜。除了剪发礼，盖丘亚族还有很多仪式要用到大羊驼。在玻利维亚，盖新房之前，会把流产或者胎死腹中的大羊驼埋在地基下面，这是对 Pachamama——地球母亲的供奉。盖丘亚族人认为大羊驼会给住在房子里的人带来好运。

在秘鲁库斯科市的太阳神祭日中，大羊驼起着举足轻重的作用。太阳神祭日可以追溯到印加帝国时代，时间定在每年 6 月 24 日，是为庆祝冬至而设。近代以来，人们会假装献祭一头大羊驼。而很久以前，印加人会真的供奉大羊驼，献给 Pachamama 以祈求来年庄稼丰收，宰杀的大羊驼肉则由人们平分。

妮娜家并不经常宰杀大羊驼为食，因为大羊驼非常有用。没有大羊驼毛和大羊驼粪，生活难以为继。不过在世界上其他地方和网上都能买到大羊驼肉，甚至一些高档餐厅的菜单上也有。

在美国、澳大利亚的农场和动物园里都能看到大羊驼，但它的原产地在安第斯山脉。它们可以用来拉车，还能保护羊群不受郊狼侵扰。西方流行用大羊驼毛来织布，大羊驼毛可以从当地农场主手中购得，比绵羊毛粗。驯养的大羊驼的毛的质地要比野生大羊驼的更为优良而且顺滑。大羊驼毛比羊毛轻，因为它不含羊毛脂。产自安第斯山区的大羊驼毛纺织品可以在网上和旅游纪念品商店买到。在秘鲁和安第斯山脉周围的其他国家，大羊驼产品的销售能帮助像妮娜家那样的贫困家庭，妮娜也因此能接受更长时间的学校教育。不过目前，妮娜对自己能帮妈妈照顾大羊驼感到很高兴——毕竟，家里很需要她做帮手，和需要大羊驼一样。

藜麦：原产南美洲安第斯山区，是印加原住民的传统主食，有 5000 ~ 7000 多年的种植历史。藜麦具有丰富全面的营养，养育了印加民族，古代印加人称之为“粮食之母”。

南美洲的骆驼科家族

大羊驼（llama）、羊驼（alpaca）、瘦驼（vicuna）和原驼（guanaco）都属骆驼科。它们和骆驼是近亲，但都没有驼峰，原产地均在安第斯山脉。

据说大羊驼是从原驼演变而来。这两个物种形态相似，但原驼是野生的，大羊驼则不是。原驼体形比大羊驼小，高约 1.2 米，体重可达 90 千克。原驼和其他南美洲骆驼科动物常生活在安第斯山脉的高海拔地区，它们也会生活在海岸平原和其他干旱地区。

瘦驼在骆驼科中体形最小，高不足 1 米。瘦驼白天在领地上吃草，晚上则回栖息地休息。它的毛呈红棕色，在头颈下方有一块白色区域。在骆驼科动物里，瘦驼毛的质地是最好的。在印加帝国时代，只有皇室才有权饲养瘦驼，享用瘦驼毛制作的产品。瘦驼虽十分机警，但仍因它们的毛和肉而遭到猎捕，几近灭绝。今天，瘦驼已经濒临灭绝，只有为数不多的一些生活在自然保护区。瘦驼被认为是家养羊驼的祖先。

羊驼的毛色从棕色到灰色多达 22 种。人们驯养羊驼是因为它们优质的毛，驯养大羊驼则主要用来载重。羊驼毛在古代颇受珍视，羊驼和羊驼毛纺织品是没有皇室血统的印加人的财富标志。同其他骆驼科物种一样，羊驼在西班牙殖民者入侵时被原住民带至安第斯山地而免于灭绝。

三只羊驼，长相各具特色

Why Are Some Mammals Endangered

哺乳动物的危机

作者：郭辰

人类同其他数百万种动物一起生活在美丽的地球上。不幸的是，一些动物，尤其是哺乳动物，正濒临灭绝，面临永远消失的危险。比如伊比利亚猞猁（Iberian lynx），它是世界上最濒危的猫科动物，还有加利福尼亚湾小头鼠海豚（Vaquita），它是一种稀有鲸类，濒临灭绝。而有些动物，比如袋狼（Tasmanian wolf）已经永远离开了这个世界，中华白鳍豚（Chinese river dolphin）也已难觅踪影。

和很多其他哺乳动物一样，熊猫也正濒临灭绝

捕猎

人类猎杀很多大象就为了得到象牙

一些哺乳动物濒临灭绝和人类的过度捕杀有很大关系。人类为什么要捕杀动物呢？可能是为了获取动物身上的某个部分，然后用来制造珠宝、艺术品或服装。人类为了象牙而捕杀大象，为了犀牛角而捕杀犀牛，为了毛皮而捕杀海狸和老虎。这些物件对人类来说也许只是可有可无的装饰品，可是对于动物来说，可能却是必不可少的身体器官。

人类还会为获得食物而捕杀动物，连猿和猴子也不能幸免。人类对部分动物的反感也可能会给动物带来不幸。

栖息地被破坏

有些哺乳动物面临灭绝还可能是因为人类破坏了它们的栖息地。印度洋上的岛国马达加斯加曾拥有广袤的森林，那里曾是哺乳动物的天堂。然而现在 80% 的森林遭到砍伐，数以百计的马达加斯加特有物种受到了严重威胁。另外，由于人口迅速增长，在中国陕西、甘肃、四川等地的大熊猫分布区内，目前大熊猫栖息地的面积只剩下原来的一半。

此外，环境污染也在影响动物的生存。人们日常生活和工业生产所产生的化学废料对自然环境造成了严重污染，这些污染使很多哺乳动物的生存环境日益恶化。

新物种入侵

人们将新的物种带到哺乳动物的栖息地，也是导致哺乳动物灭绝的一大因素。在澳大利亚，图拉克袋鼠（Toolache wallaby）和橙背袋狸（Desert bandicoot）消失的一部分原因就在于人们将狐狸引入了这片土地。

全球变暖

全球变暖是指地球的气温缓慢升高。大部分科学家相信，某些污染物的排放是导致全球变暖的主要原因，而气温的升高会对动物的栖息地产生影响。

由于全球变暖，到了夏季，北极的很多冰川融化了，北极熊的生存受到威胁。一些北极熊在游泳觅食的时候，会因为浮冰之间距离过远而体力不支，以致溺水死亡。如果北极的冰川全部熔化，北极熊就会灭绝。近日，英国谢菲尔德大学的爱德华·汉纳（Edward Hanna）博士发现，格陵兰岛的一片重要的冰川Mittivakkat Glacier正迅速融化，超过了之前预期的速度。汉纳博士表示，据研究，格陵兰岛周围许多冰川都在加速融化，更多的物种将受到威胁。

人类的捕杀和对森林的破坏使山地大猩猩的生存受到威胁

How Can We Protect Mammals?

我们如何保护野生动物？

作者：郭辰

保护野生动物和它们的栖息地的方法有很多，比如通过颁布、制定法律和条约（国家之间的协议），明确捕杀濒危野生动物的非法性。政府可以建立国家公园和自然保护区来保护野生动物的栖息地。民间组织也可以为此募集资金，或帮助人们更多地了解濒危动物。我们每个人都能用自己的方式为保护野生动物贡献力量。

人类曾为了犀牛鼻上的尖角而捕杀它们。如今，猎杀犀牛是违法行为，很多犀牛生活在野生动物园或国家公园中，受到保护

严禁捕猎

当人类真正付诸行动来保护濒危野生动物时，这些动物的数量往往能慢慢增加，逐渐恢复。在过去两百年间，人类一直在进行大规模的捕鲸活动。如今，国际条约明确禁止绝大部分的捕鲸活动，鲸鱼的数量正在缓慢回升。

保护栖息地

很多国家正在努力保护野生动物的自然栖息地。2008年，澳大利亚开始了史上规模最大的自然资源保护计划。在英国，政府划定的自然保护区超过6500处。

如果不限制捕鲸活动，大海中鲸鱼甩尾的景象将只会留在照片中

伸出你的手

我们每个人都能为保护动物做贡献。到野生动物公园或动物园去看看吧！这也是在支持对动物的保护。政府和人民都可以身体力行，减少污染物的排放。这样就能减少环境污染，保护野生动物的栖息地。有时，简单的宣传也能起到作用，让其他人也知道动物面临的威胁，告诉他们保护动物有多重要。大家一起携手，让我们一同为了保护野生动物而努力。

森林巡护员的职责之一就是打击偷猎行为，保护濒危野生动物

Name Those Mammal

猜猜它是谁

通过以下几个问题来测试一下你对哺乳动物的了解程度吧。答案见页底。

1.它是生活在陆地上的最大的哺乳动物。它有着巨大的耳朵。它的长牙是世界上最长的牙齿。

A. 熊
B. 马
C. 大象
D. 长颈鹿

2.它是猫科动物中体形最大的成员。它身上有条纹。这使它能够轻易和周围的环境融为一体。

A. 猎豹
B. 老虎
C. 狮子
D. 美洲豹

3.它有着出众的听力。它的视力也相当不错。它通过回声来定位水下的物体。

A. 海豚
B. 鲸鱼
C. 海豹
D. 海牛

4.它是人类的近亲。但是它用四肢行走：两只后足踩地，用手掌支撑上半身。

A. 斑马
B. 猩猩
C. 狼
D. 老虎

5.它是地球上体形最大的哺乳动物。

A. 大象
B. 长颈鹿
C. 熊
D. 蓝鲸

答 案

C, B, A, B, D.

How Animals Saved the People

— Choctaw Indigenous (Native American)

动物的救命之恩

—— 印第安部落的古老传说

作者：丽兹
绘者：庞博

很久很久以前，世界还处于混沌初期。那时，地球上生长着一种藤蔓。这种藤蔓扎根于北美洲水流平缓的河湾中，乔克托印第安人也在那里生存繁衍。这种古老的藤蔓虽然美丽，却带有毒液——这种毒液对动物无害，对人类却足以致命——乔克托印第安人对此一无所知。他们在河里游泳、洗澡，全然不知危险正悄然降临。触碰到藤蔓的男女老少都身中剧毒，不治身亡。这种未知的恐惧和死亡的威胁一点一点侵蚀着乔克托印第安人的心灵。

藤蔓并不想伤害这些无辜的人类，但是怎样才能拯救他们呢？一天，睿智的藤蔓想到一个办法，她通过风儿传音给动物们："朋友们，请到我这里来。这片土地正面临危险，请你们快些来帮忙！"

风儿轻轻拂过森林，将藤蔓的求助消息传递给各地的动物们。动物们听到这个消息都十分好奇——到底是怎么回事呢？于是天上飞的、地上跑的还有水里游的动物们纷纷聚向藤蔓这里，打算向她一问究竟。

他们各显神通，有的张开丰满的灰色羽翼翱翔天空，有的穿着厚重的甲壳一步一个脚印地前行，有的靠腹部滑润的鳞片匍匐而来，还有的摇摆着脚蹼轻快地游过水面。动物王国上上下下全部出动，聚集在藤蔓跟前。

藤蔓抬了抬自己的叶片，示意大家安静。她说："各位，请安静，听我说！乔克托大地正面临危险！这里的人类初来乍到，对我了解甚少，无知的他们触摸了我的叶子，中毒身亡！大家快帮我想想办法，拯救这些人类吧！"

听到这里，动物们的抱怨声此起彼伏。"为什么我们要帮助人类呢？""我们自己也遇到危险、疾病和死亡的威胁，人类怎么没帮助我们？""虽说他们刚刚踏上这片土地，但是他们自己也必须去学习、遵守造物主的规则啊！"

不少动物转身离开，只有少数动物留了下来。他们彼此交流之后，达成了共识——愿意尽自己所能帮助人类渡过难关。动物们了解藤蔓的苦心，他们说："我们相信你，告诉我们要怎么做吧。"

"朋友们，请靠近一些！"藤蔓说，"不用怕，我的汁液对你们来说就如同水滴一般，没有任何毒性。请你们每位都上前来带走一些我的汁液。这样的话，毒液一分散，其毒性就会减弱。我们单个儿对人类来说就不会有致命的危险了。请上前来吧。"就这样，动物们按照自己种族的顺序上前领取毒液。

蛇率先来到藤蔓跟前。很多种类的蛇都离开了，在剩下的蛇中，水蝮蛇作为代表对藤蔓说：

“我们蝮蛇保证尽力去帮助人类。我们会在自己的身上标记出醒目的颜色，而且会摆动头部和身体的其他部位。这样一来他们就会知道我们和其他蛇不一样了。当人们不小心踩到我们，我们会试着逃跑或者发出嘶嘶的声音，以警示他们。我们不会主动攻击人类，除非他们要伤害我们。”“你说得很有道理，”藤蔓说，“来吧，来帮助他们吧。”

蛇用自己分叉的舌尖触碰藤蔓，接受了些许毒液。瞬间，他们的身体就发生了变化，皮肤上出现了新的花纹和颜色。之后，蛇爬走了。

在蛇之后上前的是蜘蛛、蜥蜴，还有一些有着光滑皮肤的水生动物。蜘蛛开口说话了：“我代表大家说几句。我们也会尽力帮助人类。我们会用带颜色和图案的皮肤来警示人类。当他们向我们靠近时，我们会试着躲起来。但是在迫不得已的情况下我们会自卫。”

“你说得对，”藤蔓说，“来吧，来帮助人类吧。”

蜘蛛和朋友们爬到藤蔓跟前，跳上叶片，用触角、鳞片和皮肤摩擦藤蔓的叶片，根据自己体形的大小带走了适量的毒液。这时，复杂的纹路和鲜艳的颜色出现在他们身上。然后，蜘蛛和朋友们离开了。

蜜蜂和自己的亲戚黄蜂还有大黄蜂也来到藤蔓面前。蜜蜂代表自己的家族和其他会飞的动物说话了：“我们这些天空的属民会披上条纹和醒目的颜色来告诉人们，要和我们保持距离。”她嗡嗡地继续说：“我们的嗡嗡声就是警告。当人们靠近时，我们会飞走。但是当他们伤害我们的时候，我们只能反击了。”

“此言甚是。”藤蔓点了点头，“来吧，来帮助人类吧。”

这些天空的属民们飞向藤蔓，用翅膀轻轻地触碰着叶片，沾了些毒液。在他们飞走时，条纹和颜色慢慢地出现在他们的身体上。

蚂蚁和其他在陆地上爬行的动物排着队一直等到最后。蚂蚁作为代表说："我们陆地上的居民也想出份力。"蚂蚁边说边晃动着自己的触角："让我们把你身上的最后一滴毒液带走吧。我们保证会尽力帮助人类。我们会将自己的家建在地底下，而且不会主动攻击人类。但是如果他们入侵我们的家园，我们也只好拿起武器了！"

"你说得非常有道理，"藤蔓敬畏地说，"和你的亲友们一起过来，将我的毒液带走吧。"

这些陆地上的居民爬到藤蔓上，用自己的触角轻轻地摩擦叶片，沾上了毒液。为了拯救乔克托大地，这些外形虽小但内心强大的动物们，将藤蔓上的最后一滴毒液裹在了自己的身上，慢慢地爬向远方，消失在黑色的泥土中。

从那以后，人们无论是游泳、捕鱼还是在河湾里洗澡，都没有再遇到中毒的危险了。春去秋来，花开花落，人们渐渐地明白了其中的原委——动物们为了拯救乔克托大地，为了拯救人类，甘愿用身体将藤蔓的毒液带走。这个故事口口相传，世代相诵，一直讲述到今天。

你听，屏住呼吸去倾听，就能听见那来自远古的呼唤——尊重这些地球的生灵吧。你要通过保护他们，珍惜他们，来报答他们无私的救命之恩。

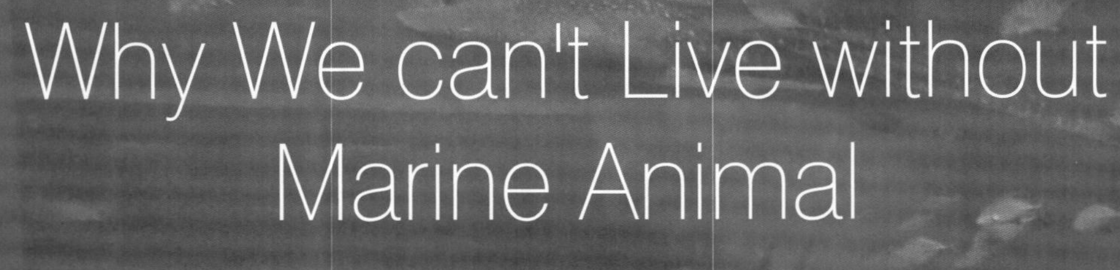

Why We can't Live without Marine Animal

为什么我们离不开海洋动物

作者：赵楠

你喜欢去海洋馆吗？海洋馆里一张张兴奋快乐的面庞，足可证明海洋动物巨大的吸引力！聪明可爱的海豚、龇牙咧嘴的鲨鱼、随波逐流的水母、张牙舞爪的章鱼……千奇百怪的海洋动物为我们带来丰富的视觉享受，没有这些游动的海洋精灵，世界会枯燥很多。如果我们有机会到大海里做客，一定会被海里种类繁多的动物“震”到。在浩瀚的海洋世界里，人类已知的海洋动物大约有20多万种，它们各自都有各自的生存方式，如果人类不打扰它们，它们几乎不会主动想着和我们套近乎，但是我们却缠着它们不放，以它们为食、为师、为依靠。唉，我们实在、实在离不开海洋动物！

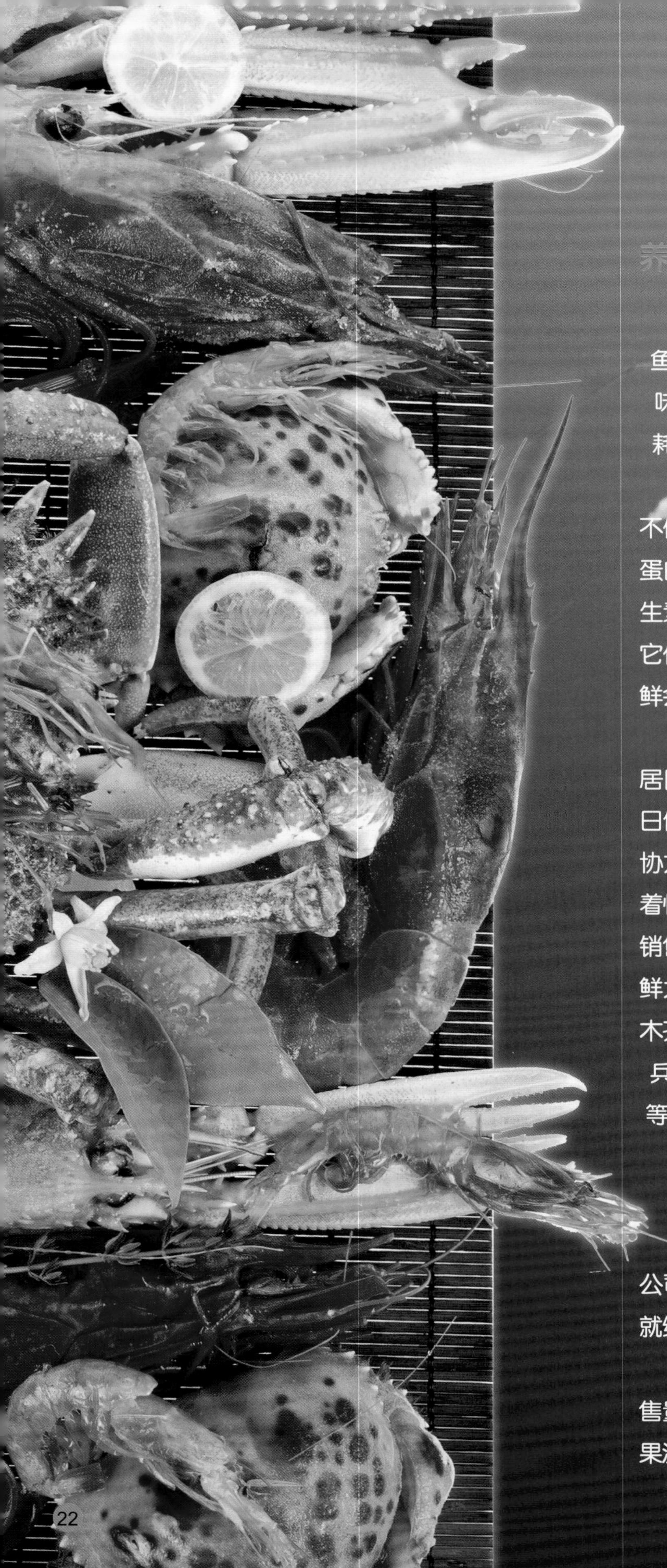

养胃的功臣

海洋动物不但养我们的眼，还养我们的胃。鱼类、虾类、贝类等海鲜都是人类餐桌上的美味佳肴。据统计，仅鱼类，全世界每年就要消耗1亿吨左右。

和畜肉比起来，海鲜，尤其是鱼类的蛋白质不但含量更高，而且更容易被人体吸收，是优质蛋白的杰出代表，海鲜还含有很多人体需要的维生素和矿物质，最让我们对海鲜心存感激的是：它们的脂肪含量非常少，我们不必担心吃多了海鲜会变成个大胖子。

正是由于海鲜如此“养胃”，所以不但沿海居民，很多远离海洋居住的人对海鲜的渴望也与日俱增。有需求就有供给，商家和科学家来同心协力，绞尽脑汁想办法满足人们的欲望。如今靠着快捷的交通、安全的冷冻方式以及庞大的网络销售途径，远离海洋的人们也可以享用一流的海鲜大餐了。比如在距离海洋2000多千米的乌鲁木齐，吃顿海鲜并不算难事。每天都有大量的“虾兵蟹将”带着特殊的冷冻包装，从上海、广州等沿海城市乘飞机飞到乌鲁木齐，再从乌鲁木齐被转运到新疆的各个城市。美国阿拉斯加航空公司自从开展空运三文鱼、活龙虾等业务以来，收入颇丰。仅在2011年，该公司的海鲜贸易业务就增长了35.1%，仅是中国，就给他们送去了8亿美元的订单。

尽管空运海鲜价格不菲，但是不断上升的销售量足以证明：海鲜的魅力无法阻挡。试想，如果没有海鲜，会馋坏多少人啊！

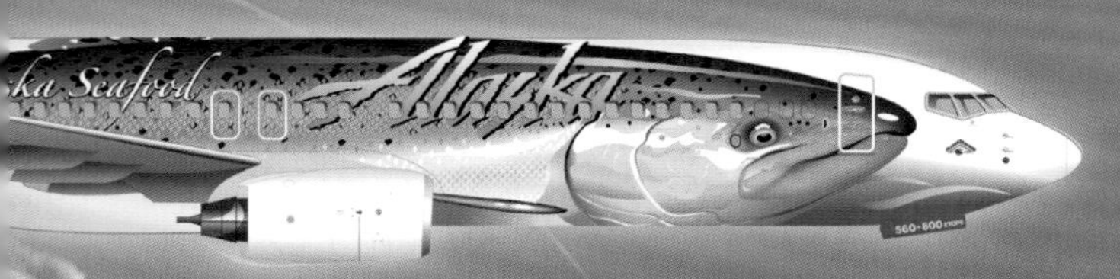

阿拉斯加航空波音 737-800 飞机采用了三文鱼彩绘涂装，庆祝三文鱼空运业务开场

人类的老师

海洋动物是地球上最早出现的动物。在数亿年的进化过程中，它们锤炼出各种适应海洋生活的奇能妙计。人们受到这些功能启发，通过研究和试验，发明了无数种为人类生活造福的工具。举几个例子吧。你见过水母吧，这是一种在 6 亿年前就在海洋里生活的古老腔肠动物，它看起来结构很简单，一个大头和无数长长的须子。你可别小看了它们，它们的耳朵里面有一个小球，小球里面有块小小的听石，能够帮助水母听到暴风骤雨来临之前的次声波。听到次声波后，水母就能够躲进大海深处，避免被大风浪冲到岸上。科学家们仿照水母耳朵的结构和功能，设计了“水母风暴预测仪”。预测仪安装在船上，可以提前 15 个小时对风暴进行预警，大大降低了海上航行的风险。

在蔚蓝的大海上，每年都有上百万只船来往穿行。海洋中的微生物、水藻、甲壳动物和其他物质组成的“海泥”会大量黏附在船体上。海泥的附着会增加船体的重量，降低航行速度，增加燃料的消耗。如何清除海泥一度是令人们头痛的问题。后来，科学家发现，无论鲨鱼游动的速度是快还是慢，都不会黏上海泥。于是科学家仿照鲨鱼的表皮结构，制造了一种贴膜，应用到船只表面，解决了海泥附着船体的问题。这种材料还被运用到泳衣上，“鲨鱼皮泳衣”可以减少水的阻力，让人们游得更快。

你还记那个爱吐“墨水”的章鱼吧，它的脚上有吸力强大的吸盘，人们研究了它脚上的组织结构后，发明了很多用具，“真空式吸盘挂钩”就是常见的一种，只要把这种挂钩往光滑的表面一按，挤出盘中的空气，挂钩就可以悬挂了。

尽管人们一直向身怀绝技的海洋动物“偷师学艺”，然而在它们强大的生存技能面前，人类还是显得很无知！我们向海洋动物的学习之路永无止境！

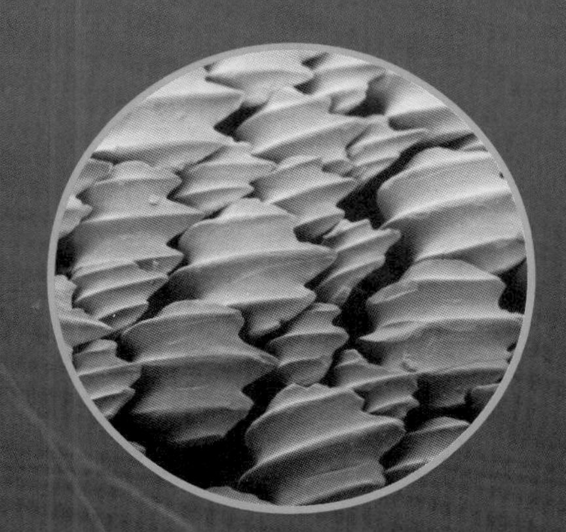

电子显微镜下的柠檬鲨表皮结构

超级特工

你是否想过海洋动物可以成为人类的“超级特工”？ 19 世纪 60 年代，美国海军开始研究并训练海豚等海洋哺乳动物用以完成一些军事任务。研究人员发现，海豚的智商很高，经过训练，它们完全可以准确无误地分辨出水中的物体到底是来自自然界还是人造水雷等爆炸物。海豚与生俱来的“回声定位能力”可以轻而易举地探测出海平面以下 110 米深处，半径只有 8 厘米的不锈钢小球。再加上超强的潜水

能力，海豚将成为代替人类潜入深水寻找水雷等目标的“超级特工”。经过训练后的海豚在深水找到水雷后，会返回到训练师的船边，用鼻子敲击艇舷上的装置，示煮自己找到水雷了；然后训练师会指挥海豚重新返回水雷所在处，让海豚在水雷旁边放置一个带配重的浮标线；随后军事人员就可以根据这些浮标线，找到水雷，成功进行“排雷”工作。在 2003 年的伊拉克战争中，美国海军靠着训练有素的海豚排除了伊拉克南部港口乌姆盖斯尔海域的 100 多枚水雷，“海豚特种兵”由此名声大震。

执行探测水雷任务的海豚

除了海豚，海狮也在水下警戒、扫雷和目标回收等任务中表现出色。经过训练的海狮可以携带水下摄像机，记录海底的情况。所以只要一头海狮、两名训练员和一艘橡皮艇，就可以代替一艘军舰来完成海底的搜寻工作。

人类离不开海洋动物，我们每个人都应该心存感激，向海洋动物致敬！

The Seal and the Human
人与海豹的“恩恩怨怨”

作者：赵楠

它的样子萌萌哒，一看见它，人们就想笑，甚至有一种想要抱抱它的冲动。它还是海洋馆里的大明星，它就是海豹——一个在地球上生活了几千万年的动物种类，人类对它们，既有杀戮伤害又有保护关爱，矛盾重重。

加勒比僧海豹的悲惨遭遇

大部分海豹生活在地球南北两极及其附近水域里，远离人们的视线，所以在工业革命前，人和海豹没有太多打交道的机会。只有生活在北极圈的因纽特人和海豹关系密切。他们以狩猎海豹为生，吃海豹肉，用海豹皮毛做衣服。他们认为，人是自然界食物链的一环，将海豹作为食物是无可厚非的。但他们尊重自然、敬畏自然，所以并不杀尽海豹，而是有度捕杀，让海豹的数量始终保持平衡。

北极斯瓦尔巴群岛的髭海豹

阳光灿烂的加勒比海滩上再也看不到僧海豹的身影……

然而工业革命之后，人类探求世界的欲望和能力都迅速上升。率先进入工业文明社会的西方人雄心勃勃地想要征服世界每一个角落，在征服的过程中，原本在世界各地自由生活的海豹也受到了牵连。加勒比僧海豹的悲惨故事就是其中一例。

只能在图片上见到的加勒比僧海豹

加勒比僧海豹曾是地球上唯一一种终生在热带海域中生活的海豹，以酷爱晒太阳而出名。想象一下，上百只僧海豹集体在海滩上晒太阳，会是多么壮观的景象？！可惜这景象再也不会出现了。

15 世纪以来，英、法等国家陆续到加勒比海区域开发殖民地。由于当时食物短缺，开发者便把目光投向了加勒比僧海豹。加勒比僧海豹性情温和，对人类毫无戒心，集体晒太阳的时候行动又比较笨拙，人们很容易用棍棒将它们打晕杀死。可怕的是，贪婪的人类对地球资源的掠夺越来越疯狂。海豹的皮毛可以制成防寒保暖的衣物，厚实的脂肪层是化学工业或药物的绝佳原料，于是人们开始为获取钱财而无限制地捕杀海豹。到了 20 世纪 50 年代，加勒比僧海豹就在人们的视野里彻底消失了。

这并没有引起人们的警觉，人们不断研制更精良、更有效的捕猎工具，在世界范围内更快更多地捕猎海豹。尤其是近二三十年来，医学家们发现海豹油不但可以有效预防心血管疾病，而且在抗癌、抗衰老等方面作用明显，所以人类对海豹的捕杀速度更快了。仅在 2004 ~ 2006 年三年间，加拿大就猎杀了近 100 万头海豹。在人类强大的工具和欲望面前，世界各地的海豹毫无招架之力，等待它们的只能是数量的骤减。

加勒比僧海豹的近亲——夏威夷僧海豹也面临灭绝的危机，目前全世界仅有 1100 只左右

人类的其他活动也间接地威胁着海豹的生存。比如人类活动导致的全球变暖，对海豹妈妈来说真是糟透了。海豹妈妈是在浮冰上生育宝宝的，现在，冬末春初的浮冰越来越少、越来越薄，难以支撑笨重的海豹妈妈在浮冰上生育。即便海豹宝宝被顺利生产下来，由于冰层过早融化，一些出生不久、还不会游泳、无法独立生活的小海豹就随着融化的冰雪跌进海里，最终夭折。

人类活动改变了海洋环境，从而给以海洋为家的海豹造成巨大的威胁。游人随手扔掉的一个塑料袋、一只手套有可能被海豹误食而导致死亡，一根绳子、一个橡胶套圈也可以将海豹缠住导致窒息而死。接连发生的原油泄漏事故，让海面漂浮了无数沾满油污的海洋动物的尸体，海豹也不能幸免于难，人类大量地捕捞鱼类，造成以吃鱼为生的海豹因食物短缺而饿死。

刚出生的格陵兰海豹宝宝

保护和关爱

值得庆幸的是，越来越多的人意识到这种杀戮带来的恶果，开始关注海豹，并采取各种措施保护它们。世界上很多海域设立了海豹自然保护区，以保护海豹为使命。中国辽宁湾的“大连斑海豹国家级自然保护区”，斑海豹过着堪称“幸福”的生活。

可爱的斑海豹

在辽宁盘锦双台河口三道沟海域，斑海豹在岩石上小憩

冬季，海浪拍打着岸边的黑色礁石，海上漂浮着一块块浮冰，一群斑海豹在这里过着舒适的生活。有的趴在礁石上休息，晒晒冬日的暖阳；有的则钻进水里，捕捉肥美的鱼虾；还有很多胖胖的、笨重的雌性斑海豹在左挑右选之后，爬到了自己中意的浮冰上，静静地卧在那里，等待宝贝的降生。几天后，披着一身白色绒毛的小海豹来到了世界。初生的小海豹既不会游泳，也不会捕食，只能依赖妈妈的照顾。最初海豹妈妈给足了小海豹母爱，然而一个月之后，当小海豹白色的绒毛不退掉，海豹妈妈就绝情地离开了。

如果是在世界其他海域，很多小海豹会因为遭遇到各种险情而丧命，然而保护区里的小海豹不但可以安全长大，还可以过上“奢侈”的生活。在距离斑海豹活动区域几百米的地方，有一座保护站，工作人员随时监视斑海豹的情况。一旦它们遇到险情，比如被礁石卡住、在海滩搁浅、误撞渔网，工作人员就会快速赶到现场救治。受伤的海豹通常会被送到海洋馆，接受饲养员和医生的精心护理。恢复健康后，它们或留在海洋馆过起衣食无忧的生活，或被放回大海，重新享受自然生活。

为了给斑海豹创造一个洁净的家园，每年都会有大量的志愿者定期在保护区的岸边清理垃圾，避免斑海豹受到垃圾的伤害。一些“沿海公路开发”之类的项目，由于会给斑海豹带来不良影响，都在斑海豹保护者的抗议下取消了。保护者还拍摄了大量的图片和影像来宣传保护斑海豹，越来越多的人开始关注、保护这些海中精灵。斑海豹的名声越来越大，中国第十二届全国运动会的吉祥物就是它们。

第十二届全运会吉祥物“宁宁”

矛盾重重的关系

一边是杀戮和伤害，一边是保护和关爱，在人和海豹之间，尴尬和棘手的问题层出不穷。

近年来，海豹油和其他海洋食品一样，被检测出含有一些不利于人体健康的毒素，而且含量在连年上升。人类不断地向海洋排放废弃物，而废弃物中的一些污染物进入鱼虾体内不能被分解，只能在鱼虾身体中不断累积，而海豹在捕食鱼虾时，也把鱼虾中的有害物质吃进了身体里。这个问题在警示人们：如果破坏了海洋动物的家园，那么作为食物链的一环，人类的身体也将难逃被污染的厄运。

过度保护海豹也会带来一些问题。海豹食量惊人，保护区的海豹数量大量增加以后，将消耗数量庞大的鱼虾，这会严重影响了海域的生态平衡，还会导致渔民无鱼可捕，影响了当地的经济。

人和海豹之间有“恩”有“怨”，怎样才能在满足人类自身合理利益的同时又能保护好海豹，维护生态平衡呢？人们在不停地开动脑筋寻找解决方案……

Animals Which Look Most Like Us

和人类最相似的动物

作者：羽衣

世界上目前已记录360多种灵长类动物，它们分为两大类：原猴亚目（原始的猴类）和简鼻亚目（进步的猴类）。我们人类就属于简鼻亚目灵长类。除了人类，其他灵长类动物一般生活在美洲、非洲和亚洲的热带及亚热带地区。不管是外形、智力，还是社会行为，它们都和人类极为相似，尤其是和人类同属一目的简鼻亚目灵长类。了解这些人类"近亲"的习性，会帮助人类更好地认识自己。

卢旺达维龙加火山群国家公园的一只雄性银背山地大猩猩

最大的和最小的

山地大猩猩和它的近亲——东部低地大猩猩同属于东部大猩猩家族，是灵长类中体形最大的动物，它们站立时身高可达1.80米以上，雄性体重可以达到200千克。山地大猩猩居住在东非的高山里，如今仅存不到1000只，属于濒危动物。

而侏儒绒猴身长只有10 ~ 12厘米，体重只有70克。

体形袖珍的侏儒绒猴

另一种猴体形也非常小，跟侏儒绒猴不相上下，它就是侏儒狐猴。科学家于2010年在马达加斯加岛发现了它们。它们虽然属于灵长类的原猴亚目，但却长得既像狐狸又像小狗。

这个岛上还有一种狐猴，叫鼠狐猴，很像老鼠，白天睡觉，晚上活动觅食。它们体形很小，大约有13厘米长，真的跟一只老鼠差不多大。

马达加斯加被称为狐猴之岛，生活着60余种狐猴

雄猩猩亲吻雌猩猩

恋爱求偶

别看大猩猩看起来有些吓人，其实它们还是很浪漫的。一位摄影师在东非卢旺达维龙加火山群国家公园拍到一组很有趣的大猩猩求爱照片，场面温馨感人。一只雄性大猩猩看到了自己心仪的对象，立刻奔了过去，一只手抚着胸部，表达爱慕之情，意思是说：你看我多强壮。在它的浪漫攻势下，雌猩猩接受了它的爱意，两只猩猩拥抱在一起，雄猩猩还亲了亲雌猩猩的额头，很有绅士风度。

当然也不是所有的求偶都这么一帆风顺。比如绿狒狒之间会出现打架事件，两只雄狒狒会为争夺一只雌狒狒大打出手，获胜者才有机会赢得配偶。

有的雄猴则靠声音吸引雌性，如吼猴，它们的声音可以传播很远，吸引雌猴前来应约。

大块头的雄性大猩猩和它的配偶之一

生活在非洲的黑猩猩一家

其乐融融的长臂猿一家

成家立业

在人类之外的灵长类动物中，有一夫多妻制，比如大猩猩；也有多夫多妻制，比如黑猩猩和倭黑猩猩；还有一夫一妻制，比如长臂猿和狐猿。

在一夫多妻制的大猩猩族群里，雄猩猩的体重是雌性的 2 倍，它是一家之长，拥有好几只雌猩猩为它生儿育女。如果雄猩猩被杀，整个族群会受到很严重的威胁，除非有继承者，否则会有外来雄性来支配这个族群。外来的首领会杀掉族群里面的幼崽，确保雌猩猩们抚育它自己的子女。

在多夫多妻制的黑猩猩族群里，雌猩猩的体重大约是雄猩猩的 70%，相差没那么悬殊。族群内的等级划分并不严格，但分工明确，各司其职。科学家们在几内亚境内观察一群黑猩猩的生活情况，发现这个群体成员比较少，有 3 只雄猩猩、5 只雌猩猩、3 只幼年猩猩和 1 只幼崽。它们会在道路上行人最少的时候穿越马路，寻找无花果和杧果等食物。经验最丰富的猩猩会承担先锋和侦察工作，而体力最好的猩猩压阵。

一夫一妻制的族群里，诸如长臂猿、狐猴等，雌雄体重相差不大。长臂猿基本以小家庭为单位散落居住，爸爸妈妈带着一两个孩子享受天伦之乐。它们夫妻关系很亲密，会给对方抓虱子，也会坐在一起吃东西，非常恩爱。

红毛大猩猩（人猿）的基因和人类基因相似度达到95%，主要生活在东南亚、中南半岛的婆罗洲和苏门答腊岛的热带雨林里，平均寿命 40 岁左右

生儿育女

跟人类一样，灵长类动物一般一胎只生一个小宝宝。灵长类妈妈怀孕和哺乳的时间一般比其他体形相似的哺乳动物要长，幼崽生长也更缓慢，通常四五个月大才能行走，8 个月可以吃固体食物，到了 3 岁才断奶，四五岁才会离开母亲独立生活。在这之前，妈妈不仅负责喂养，还兼管教，有时甚至还会打宝宝耳光呢。

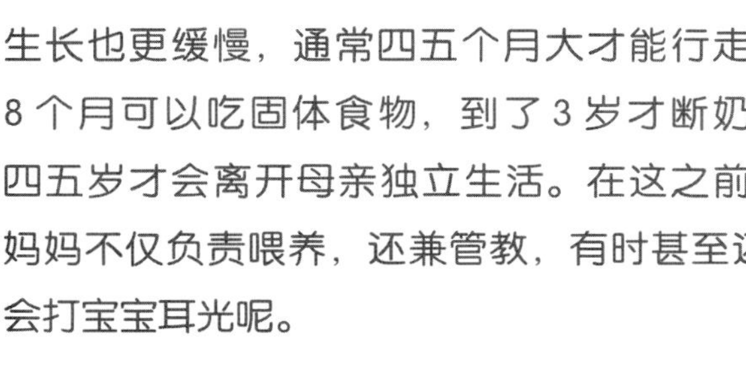

关爱与沟通

不管是大猩猩还是黑猩猩，族群成员相互之间的情感沟通都很多。有的猩猩久别重逢之后，会大声喊叫，拥抱亲吻。雌猩猩生产的时候，家庭成员们会在不远处静静等待，脸上出现焦虑和紧张的神情；小猩猩出生之后，整个家庭会又叫又闹，庆祝新家庭成员的诞生。年幼的猩猩会得到全族的保护，当一只幼崽被捕捉时，会有很多只成年猩猩拼死保护。

漂亮的金丝猴宝宝和爸爸妈妈一起生活，宝宝在爸爸的怀里撒娇、捣乱，也腻在妈妈身边吃奶、玩耍。和爸爸妈妈在一起的这几年非常快乐自由，即使成年之后，它们离开了家，也还会常常回来探望妈妈。

就跟人类一样，它们有一天也会长大，拥有自己的家和后代。

人类的家很宝贵，灵长类动物的家也同样宝贵。现在越来越多的灵长类动物被捕杀，更多的灵长类动物因为失去了赖以生存的森林而受到威胁。根据国际自然保护联盟的最新数据，世界上近一半的灵长类动物种类的生存受到威胁，其中 11% 面临灭绝的危险。作为人类，保护我们的近亲，保护它们生存的家园，是我们应尽的职责。

金丝猴一家

Horse Riding Lessons in England's Primary School

骑马去！

——英国小学的马术课

位于英格兰南部的波特瑞吉斯预备学校（Port Regis School）是一所私立小学，英国王室中很多人，包括安妮公主（Princess Anne）的子女，都曾就读于此！这里的学生都需要学会骑马。

学骑马必须先认识马。在波特瑞吉斯预备学校，从小学一年级开始，老师就会给学生讲解有关马的知识，比如马的种类、马的生理结构、马的生长状况，甚至马的心理及肢体语言等。老师也会带着小朋友去学校的马厩观察马。学校认为，认识马，才能知道如何跟马相处，也才能知道怎样照顾好马。

到了高年级，小朋友才可以正式进入马场学骑马。不过，骑马可不是那么简单的。首先必须让马信任你，小朋友要花时间和马相处。第一步是抚摸马，接着学会帮马刷毛、喂马吃胡萝卜。有一点千万不能忘记，就是要好好打扫马厩，将马草清洁干净，把排泄物清理掉。然后才是学习帮马套笼头、备鞍、上缰、牵马等，最后才能正式上马。

其实，人与马之间的互动，骑马只占一小部分，大部分时间不是骑马，而是与马相处。波特瑞吉斯预备学校认为，照顾动物可以培养学生的责任感，也能让学生明白收获与付出之间的关系

骑马运动量很大，也有一定的危险。老师会提前教授正确的骑姿，让小朋友了解马背的构造，以及如何去配合马、与马处好关系，同时还会提醒小朋友保持愉快的心情，传授上马要领。学会正确的姿势后就可以开始练习小走步，如慢步、快步等。老师会教小朋友在马的速度变化时如何继续保持身体的平衡，以保障安全。这些就是小朋友会在波特瑞吉斯预备学校的骑马课上学到的。

American Pupils' Pet Classmates

养个班级宠物吧！

——美国课堂上的“小同学”

想象一下同天竺鼠和独角仙一起上课的情景吧！最近，美国华盛顿特区的几所小学都开始进行班级一起养宠物的活动，有的叫作“Pets in the Classroom”，有的叫作“Pet Program”。

活动开始，老师要和小朋友利用课余时间去参观学校附近的动物园或生态馆，同时老师也会利用自然科学课和小朋友一起认识不同的动物，最后再确定要饲养哪种宠物。

学校不会强迫小朋友参加养宠物的活动，不过一旦小朋友决定参加，就必须负起照顾宠物的责任。通过一起饲养宠物，小朋友真正认识了自己饲养的动物或昆虫，也从中学会了尊重生命

美国小朋友的宠物可是各种各样的。比如，在华盛顿特区的一所小学，五年级的布莱恩特（Bryant）班里饲养的宠物是独角仙。独角仙的雄成虫长有犄角，雌成虫没有。此外，独角仙羽化为成虫后，在野外约可存活 1 个月，人工饲养则可存活二三个月。布莱恩特说班上总共有 8 个人决定要一起饲养独角仙。在饲养前，老师和这 8 位同学一起到图书馆认识了独角仙，接着到学校附近的宠物店询问了饲养方式，并为它们准备了舒适的生活环境。布置好独角仙的“家”后，小朋友便正式开始了饲养。布莱恩特说，独角仙喜欢阴凉通风的地方，所以每天同学们都会定时更换饲养箱的摆放地点，避免它受到阳光直射；独角仙喜欢吃甜甜的水果，可是这类水果放久了会产生酸败的气味，招惹蚂蚁和苍蝇，所以 8 个人需要轮流清理饲养箱，还要不时地喷水保持环境潮湿。这些工作看似简单，却容不得偷懒。当然，班上其他小朋友也可以一同观察独角仙。不过布莱恩特很得意地表示，他和其他 7 个朋友才是独角仙的小主人。

同校其他班级还有人饲养天竺鼠。天竺鼠的平均寿命比独角仙长，为 5~8 年。由于它们需要主人经常陪伴，所以负责饲养的几个小朋友在毕业仍还需要承担起照顾的责任。

由于昆虫生长周期短，变化又大，因此非常适合饲养与观察。 而对于生命周期比较长的动物，如小狗、天竺鼠等，老师会决定是否将饲养的权利交给小朋友。到目前为止，参加这个活动的小朋友都很珍惜自己饲养的宠物！

Why Can My Cat Usually Find Its Way Home?

为什么我的猫总能认得回家的路？

⑤
④
③
②
①

编译、撰写：利兹

这个问题不禁让我想起最近一则有趣的新闻：在长达 10 年的时间里，新西兰一只猫咪游走在两个不同家庭之间，成功地过着双重“猫生活”。这两个家庭的住所相距好长一段距离，但是这只神奇的猫咪依然能够找到回家的路。

对于猫咪能够在短距离内找到回家的路，英国生物学家兼作家鲁伯特·谢尔德雷克认为，大概是因为它们记住了诸如房子、树木、雕像等熟悉的地标，就好比人类从一个熟悉的地方返回家里那样轻而易举。但有些流浪在外的猫咪却能从数千米之外的陌生地方成功地返回主人家里，这不能不说是一种了不起的本事。

动物识别方向的能力，在动物界并不罕见。如果你曾遛过狗，你会发现狗狗一路上都在上厕所，那是因为它在沿途做标记，然后靠尿液的气味来确定回家的路。另外还有方向感绝佳的信鸽，就算离家将近 1000 千米，也能顺利返回。它们显然不是靠视觉来确定方向的。科学研究显示，鸽子既不是靠记忆千回百转的弯路来确定路线，也不是借助太阳的位置来确定方向，而很有可能是利用了地球的磁场。地球磁场让人类能够利用指南针来指示方向。科学家认为，鸽子大脑具有类似指南针的功能。但即便如此，也不能完全解释鸽子为何能精确定位鸽巢，因为指南针只能告诉鸽子方向。

为此，谢尔德雷克提出了这样一个假设：动物们和家之间也许被这样一个“场”的力量所影响，这个场就好比一根隐形的橡皮绳，将动物和家拴在一起。当猫咪在离家数千米开外时，这个场的力量能够把它们“拉”向家的方向。当然这只是一个未经证实的理论。关于动物的方向感，还有许多未解之谜需要我们去探索。最后，我来给大家出一个脑筋急转弯吧：什么动物最没有方向感？如果你们知道答案，欢迎来信告诉我们。

Black Cat
黑猫

编绘：吴琼

别来……

别来……

别来……

这两个字在理查德的脑子里颤抖着。他一声都不敢吭，学校的监察主任一脸斥责的表情，严肃地盯着他，马克在一旁，一副胜利者的姿态。

喵！

MEOW

MEOW

别来……

理查德将目光投向两幢高耸向城市穹顶的公寓大楼之间的狭窄小巷。他的胃搅动着，指甲戳进了自己的掌心，想起第一次见到猫的情景。

公寓大楼位于回家的路上。这里比他家安静，没有弟弟妹妹和新生婴儿。他喜欢这里。

他一边吃酵母条，一边用电子眼镜做着功课，隐约感觉有什么东西在蹭他的腿。

他低头一看，目光碰上了一双大大的、金绿色的眼睛。那东西有一身黑色皮毛，隐隐夹杂着金棕色的斑纹，嘴巴大大地张着，露出一口白色的、针一样尖的牙齿。它发出一声刺耳的叫声。

理查德惊恐地跳起来，扔下电子眼镜和没吃完的酵母条："啊！脏东西——走开！"

他记起历史老师说过，很久以前是有动物的，但是后来人类发现动物很脏，会传染疾病，最后通过了《传染病防控法案》，彻底消灭了它们。
但历史老师错了，理查德想着。眼前这就是一个动物。
那动物舔完掉在地上的酵母条，然后走近理查德，用自己毛茸茸的身体挨着他的腿蹭了蹭。理查德想躲开它，却又迈不动步子。
它的毛皮在穹顶灯下闪闪发光。
理查德慢慢放松了下来，他伸出手颤抖着去摸那动物的头。它的眼睛眯成了两条缝儿。
“你喜欢吗？”理查德低声问。

远处响起了脚步声。那动物的耳朵竖了起来，它迅速消失在旁边的一条巷子里。一个清扫机器监控专员正和一个垃圾回收机器人向这边走过来。

换成是几秒钟以前，理查德会把整个故事说出来。而现在，理查德只是担心，他们有没有看到什么呢？

第二天，那只动物又回来了。理查德省下了半根酵母条，捏成小块，放在它白色的爪子前面。这时的理查德，已经在学习中心的信息库中做过些研究了，所以他能叫出这种动物的名字：猫。

那以后，理查德每天都去见那只猫。他从自己的午饭里省下食物带给它。猫咕噜着表示感谢。它开始发胖了。

有一次，猫从巷子口出来，嘴里叼着一只瘫软的小动物，并把它放在了理查德的脚边。

还是有动物存在的嘛，理查德想。或许历史老师在其他事情上也错了。因为理查德喂了猫、抚摸了猫，甚至还把猫抱到自己腿上，但他也没得病啊。

生活因为有了猫而感觉美好。

课间休息时，马克把理查德逼入了角落："我看见你了。"

"我不知道你在说什么。"理查德脸上发热。

"我看见你和那个东西了。你碰它，喂它。我敢肯定你还为那个东西偷了食物。"

"我没有！"

"我会告状的。那个脏东西会把疾病传播给我们大家，然后我们都会死。"

别来……别来……

穹顶灯渐渐地暗了，理查德盯着那条巷子，祈祷猫不要来。老师开始不耐烦了，轻点着她的脚，马克开始有点担心了。

晚警报响了。

“好了，”主任导师说，“我没看见这个所谓‘动物’的影子。马克，你是在说谎吧？”

“不！”马克瘦瘦的脸带着愤怒的表情，“我看到了，问他！”

理查德没吭声。老师来回看了看他们的表情说：“你们两个，回家吧，以后别再捣乱了。”

最初，理查德感到安心，猫没有现身。但那天晚上他睡不着觉。为什么猫没来呢？它生病了，受伤了，还是另外有人找到了它并杀了它？

第二天早上，他在早警报响之前就起来了。在第一束穹顶灯光透过水晶罩照下来时，他跌跌撞撞地走在阴影中的巷子里。

“猫！”他用沙哑的声音低叫道，“猫，你在哪里？”

一片寂静。理查德在坏掉的巡视舱上被绊了一下，摔了一跤，膝盖和手心擦破了皮。在他刺痛的呼吸声之外，传来了一个轻柔的、欢迎的颤音。

“猫？”

穹顶灯光斜斜照下来，理查德看见坏掉的巡视舱后面有个缺口。他往里面瞧了瞧。那里，在一个破布做的窝里，躺着那只猫，它金绿色的眼睛亮闪闪地看着他。四只小猫……猫咪，钻在它的毛丛里。原来它是只母猫！一只猫咪像它的妈妈一样毛色斑驳，另外两只是深棕色的，还有一只是黑色的。它们的眼睛都闭着。

理查德伸出一根手指摸了摸黑猫咪。“猫，”他低声说道，“哦，猫哦。”

猫咕噜叫着。

Dolphin Guide —— How to Train Your Human

海豚指导手册

——如何训练你的人类

今天，我们在课堂上要认识的是人类。人是陆地上一种漂亮、神秘的生物。传言说他们的大脑几乎和我们的一样大。人类能游泳，会捕鱼，甚至还会照镜子。不过，这种神奇的动物还有一个更“引豚注意”的天性，那就是他们喜欢喂我们！下面就让我们看看，怎么利用这种天性得到鱼，取得吃到不想再吃的效果！

（1）

（1）首先要找到一些人。他们常会聚集在水族馆或者沿海一带的海洋公园。他们的尾巴柔弱无力还分成两叉，脚蹼小得可怜，没有办法在辽阔的大海里生活。

（2）一旦你发现了目标人类，就要一次又一次地向空中跳跃，然后吹一个“标志性的口哨”。人类虽然不懂你在说什么，但他们最后还是能意识到，你是想跳到空中，从他们手里叼鱼。

（2）

（3）最后，捡起水族箱里任何一样东西——圈圈、球，甚至垃圾都行，看谁正在周围闲逛，把它随便交给其中一人，然后以期待的样子盯着他。要是他需要得到点暗示，把这些东西推向他即可。要有耐心，迟早他会动手拿的，到时游戏就开始了。记住：叼回来 = 吃到鱼。如果你遵循这一规则，你的人类马上也会掌握这个窍门，随之而来的就是许许多多的鱼啦。

（3）

我们只是刚刚开始了解神秘的人类。尽管他们只是陆地上的动物，但他们能教给我们好多事，包括我们的海洋，还有我们自己。